科学のアルバム

カブトムシ

岸田　功

あかね書房

もくじ

構成●山下宣信
イラスト●森上義孝
むかいながまさ
渡辺洋二
林 四郎
装丁●画 工 舎

科学のアルバム

カブトムシ

岸田　功（きしだ　いさお）

一九四三年、東京都新宿区に生まれる。

少年時代より昆虫《こんちゅう》に興味《きょうみ》をもち、学生時代は学業のかたわら、ガ類《るい》の研究に没頭《ぼっとう》してきた。

高校生のころから昆虫の写真を撮《と》りはじめ、以後《いご》、各種図鑑《かくしゅずかん》、雑誌《ざっし》などにすぐれた昆虫生態《せいたい》写真を発表している。

東京都立高等学校の化学の教諭《きょうゆ》として、長《なが》く実験《じっけん》実習を中心とした授業《じゅぎょう》を意欲的《いよくてき》に行ってきたが、現在は昆虫生態写真の撮影《さつえい》に専念《せんねん》している。

著書に「カイコ」（あかね書房）、「カマキリの生活」（小峰書店）などがある。

現在、日本自然科学協会（ＳＳＰ）会員。

大《おお》きなつの、かたいからだ。
カブトムシは、夏《なつ》の雑《ぞう》木《き》林《ばやし》の
主人公《しゅじんこう》です。

←コナラの木《き》をのぼるカブトムシ。カブトムシは，足先《あしさき》のつめとすねのとげを，木《き》の幹《みき》や枝《えだ》にひっかけてのぼっていきます。

↑落《お》ち葉《ば》の下《した》から顔《かお》をだすカブトムシ。

↑雑木林《ぞうきばやし》の空《そら》にひろがる夏《なつ》の夕《ゆう》焼《や》け雲《ぐも》。

夜《よる》の雑《ぞう》木《き》林《ばやし》

ここは、クヌギやコナラの木《き》がしげる雑《ぞう》木《き》林《ばやし》の中《なか》です。昼《ひる》間《ま》、にぎやかに鳴《な》いていたセミの声《こえ》が、いつしか聞《き》こえなくなり、林《はやし》の中《なか》は、夜《よる》のやみにつつまれていきます。

カサッ。落《お》ち葉《ば》の下《した》から、カブトムシがすがたをあらわしました。昼《ひる》間《ま》、地《ち》中《ちゅう》にもぐって休《やす》んでいたカブトムシが、日《ひ》ぐれとともに活《かつ》動《どう》をはじめたのです。

雑《ぞう》木《き》林《ばやし》の中《なか》では、ヤブキリがジージーと鳴《な》いています。地《ち》上《じょう》にでてきたカブトムシは、落《お》ち葉《ば》の上《うえ》を歩《ある》いていきます。そして、近《ちか》くの木《き》の根《ね》もとにたどりつくと、そのまま木《き》をのぼっていきます。

前《まえ》ばねを飛行機《ひこうき》のつばさのようにひろげ，後《うし》ろばねをはばたかせて進《すす》んでいきます。

カブトムシは，からだが重《おも》いので，まわりより少《すこ》し高《たか》くなったところからとびたちます。

夜空《よぞら》へのとびたち

木《き》をのぼっていたカブトムシが、ふと立《た》ち止《ど》まり、足《あし》をのばしてからだをうかせました。力《ちから》がはいっているのでしょう。からだがブルブルふるえています。触角《しょっかく》の先端《せんたん》をおおぎのようにひろげて、あたりのようすをうかがっています。

とつぜん、からだをおおっているかたい前《まえ》ばねが開《ひら》き、中《なか》からうすい後《うし》ろばねがのびてきて、それをはげしくはばたかせました。ブルルルルン。

カブトムシがとびたちました。

↑樹液《じゅえき》のしみでている木《き》にとんできたカブトムシ。ふつうカブトムシは，樹液《じゅえき》近《ちか》くの幹《みき》に止《と》まり，そこから歩《ある》いて樹液《じゅえき》にたどりつきます。

カブトムシの口《くち》の中《なか》には，ブラシのような舌《した》があります。この舌《した》を樹液《じゅえき》にひたして，すいあげます。

夜活動《よるかつどう》するカブトムシは，あまり目《め》がみえません。触角《しょっかく》（矢印《やじるし》）でにおいをさぐり，樹液《じゅえき》をさがします。

樹液《じゅえき》をみつけた

カブトムシは、林《はやし》の中《なか》をゆっくりとんでいきます。

やがて、一本《ぽん》の木《き》のまわりをぐるぐるとび回《まわ》りはじめると、バシッという音《おと》をたてて、木《き》の幹《みき》にぶつかりました。

カブトムシは、しずかに着地《ちゃくち》できません。からだごと幹《みき》にぶつかり、足《あし》のつめを木《き》の皮《かわ》にひっかけて、やっと止《と》まります。

カブトムシが、暗《くら》い林《はやし》の中《なか》で樹液《じゅえき》のありかをみつけたのです。

樹液《じゅえき》は、カブトムシのたいせつな食《た》べものです。カブトムシは、頭《あたま》を幹《みき》にこすりつけるようにして、樹液《じゅえき》をなめはじめました。

8時《じ》30分《ぷん》。フクラスズメが，２ひきやってきました。

⬆８時《じ》10分《ぷん》。クヌギの木《き》で，カブトムシが，おいしそうに樹液《じゅえき》をすっています。

樹液《じゅえき》のレストラン

樹液《じゅえき》を食《た》べものにしている昆虫《こんちゅう》は、カブトムシだけではありません。クワガタムシ、カナブン、ゴキブリ、スズメバチ、チョウ、ガなども樹液《じゅえき》を食《た》べものにしています。そのため、樹液《じゅえき》のたくさんでる木《き》には、いろいろな昆虫《こんちゅう》があつまります。

樹液《じゅえき》はどうしてでてくるのでしょう。春《はる》に芽《め》をだした木《き》の葉《は》は、夏《なつ》になると太陽《たいよう》の光《ひかり》をあび、木《き》が成長《せいちょう》するための栄養分《えいようぶん》をたくさんつくります。栄養分《えいようぶん》を根《ね》におくるとちゅう、幹《みき》にきずがつくと、そこから糖分《とうぶん》をふくんだ液《えき》が

9時《じ》。カブトムシが2ひきになりました。オニベニシタバも樹液《じゅえき》をすっています。

9時《じ》25分《ふん》。フクラスズメとコシロシタバ（とんできたガ）もやってきました。

しみでてきます。これが樹液《じゅえき》です。幹《みき》のきずは、おもにカミキリムシのしわざです。この幼虫《ようちゅう》は、クヌギやコナラの木《き》の中《なか》でそだち、成虫《せいちゅう》になると、幹《みき》にあなをあけてでてきます。

樹液《じゅえき》は、昼《ひる》より夜《よる》のほうがたくさんでます。昼間《ひるま》、葉《は》でつくられた栄養分《えいようぶん》は、おもに夜《よる》のあいだに根《ね》におくられていくからです。カブトムシたちは、夜《よる》になると樹液《じゅえき》にあつまってきます。

幹《みき》のきず口《ぐち》からでた樹液《じゅえき》からは、時《じ》間《かん》がたつと、発酵《はっこう》してあまずっぱいにおいがしてきます。このにおいをたよりに、カブトムシたちはやってきます。

←10時《じ》30分《ぷん》。コクワガタが、2ひきのカブトムシのあいだをいったりきたりしています。キシタバもやってきました。11時《じ》をすぎると、昆虫《こんちゅう》たちは、どこかへとんでいきました。

つのを相手《あいて》のからだの下《した》にさしこみ，からだをはねとばすと勝《か》ちです。

つのとつのをつきあわせてたたかうカブトムシのおす。

おすどうしのたたかい

カブトムシやクワガタムシは、なかまどうしでも、からだをふれあわせて仲《なか》よく樹《じゅ》液《えき》をすうことはありません。同《おな》じなかまといっても、樹《じゅ》液《えき》をとりあう敵《てき》だからです。

目《め》のよくみえないカブトムシやクワガタムシは、おたがいにからだがふれあうと、相《あい》手《て》をおいはらおうとします。

しかし、林《はやし》の中《なか》でも、樹《じゅ》液《えき》のたくさんでる木《き》はそう多《おお》くありません。おいはらっても相《あい》手《て》がにげようとしないと、つのを低《ひく》くかまえて、たたかいをいどみます。

そして、たたかいに勝《か》ったものだけが、樹《じゅ》液《えき》をひとりじめできるのです。

⬆カブトムシのつのは，樹液《じゅえき》をまもるための武器《ぶき》です。ときには，つのではねやはらにあながあいてしまうこともあります。

➡樹液《じゅえき》のでている木《き》の幹《みき》で出会《であ》うカブトムシのおすとめす。

⬅交尾《こうび》をするカブトムシ。

⬇おすの前《まえ》ばねのうらにある，やすり状《じょう》の発音器官《はつおんきかん》。はらの先《さき》とこの部分《ぶぶん》をこすりあわせて，ギーコ，ギーコと音《おと》をだしながら，交尾《こうび》にうつります。

おすとめすの出会《であ》い

樹液《じゅえき》をだす木《き》は、たたかいの場《ば》になるだけではありません。おすとめすの出会《であ》いの場《ば》でもあるのです。

樹液《じゅえき》をなめているおすのカブトムシが、からだにふれられても、相手《あいて》をおいはらわないことがあります。それは相手《あいて》がめすのときです。おすは、触角《しょっかく》でふれて、相手《あいて》がめすだとわかると、触角《しょっかく》をふるわせながら、めすのからだを軽《かる》くたたきます。また、口《くち》でめすのからだをなめます。

めすがいやがらないと、おすは後《うし》ろに回《まわ》って、背中《せなか》をなめながらめすのからだにのり、やがて交尾《こうび》をはじめます。

昼《ひる》，樹液《じゅえき》にあつまってきたオオムラサキやカナブン。

昼《ひる》の雑木林《ぞうきばやし》

太陽《たいよう》がてりつける昼《ひる》の雑木林《ぞうきばやし》の中《なか》では、カブトムシのすがたは、あまりみられません。

夜活動《よるかつどう》していたカブトムシは、日《ひ》の出《で》とともに木《き》をおり、根《ね》もとの地中《ちちゅう》にもぐりこみます。そこで暑《あつ》さをさけ、夜《よる》をまちます。

樹液《じゅえき》には、カブトムシやクワガタムシ、ガにかわって、チョウ、ハチ、カナブンがやってきます。昼《ひる》と夜《よる》では樹液《じゅえき》にあつまる昆虫《こんちゅう》がちがうので、樹液《じゅえき》がむだなく、たくさんの昆虫《こんちゅう》にゆきわたります。

昼《ひる》の雑木林《ぞうきばやし》で樹液《じゅえき》をなめるカブトムシ。夜《よる》のあいだに、じゅうぶん樹液《じゅえき》に出会《であ》えなかったのでしょう。下《した》は木《き》の根《ね》もとにもぐりこむカブトムシ。

⬅カブトムシのたまご。産卵直後《さんらんちょくご》のたまご(円内《えんない》)は長径約《ちょうけいやく》3㎜。白《しろ》くてつやがあります。日《ひ》がたつにつれてまわりの水分《すいぶん》をすい，大《おお》きくふくらんできます。

⬆産卵《さんらん》するカブトムシのめす。1ぴきで，50〜60個《こ》うみます。

⬆落《お》ち葉《ば》や草《くさ》をあつめてつくったたい肥《ひ》の中《なか》は，カブトムシの産卵場所《さんらんばしょ》の一つです。

カブトムシの産卵《さんらん》

交尾《こうび》したカブトムシのめすは、おなかの中《なか》のたまごに栄養《えいよう》をつけるため、さかんに樹液《じゅえき》をなめます。

八月《がつ》になると、めすは落《お》ち葉《ば》がつもってできた腐葉土《ふようど》やたい肥《ひ》、製材所《せいざいじょ》のおがくずの山《やま》などにあつまってきます。そして、その中《なか》にもぐり、産卵《さんらん》します。

ここには、たまごからかえった幼虫《ようちゅう》の食《た》べものになる、くさりかけた落《お》ち葉《ば》や木《き》くずがいっぱいあるからです。

八月《がつ》半《なか》ばをすぎると、樹液《じゅえき》はしだいにかれはじめ、雑木林《ぞうきばやし》のあちこちに、カブトムシの死《し》がいがみつかります。

←うまれてしばらくたったカブトムシの1令《れい》幼虫《ようちゅう》。からだのわりに頭《あたま》がとても大《おお》きく、からだ全体《ぜんたい》に長《なが》い毛《け》が、まばらにはえています。

→うまれたばかりのカブトムシの幼虫《ようちゅう》。大《おお》きさは、約《やく》8ミリメートル。あごだけが茶色《ちゃいろ》ですが、しばらくすると、頭《あたま》全体《ぜんたい》が茶色《ちゃいろ》になってきます。

幼虫《ようちゅう》がうまれた

産卵《さんらん》から約《やく》十日目《かめ》。たまごは、はじめのころの二〜三倍《ばい》の大《おお》きさになっています。形《かたち》は平《ひら》たくなり、うすいからをとおして、カブトムシの幼虫《ようちゅう》のからだが、すけてみえはじめます。

たまごの中《なか》で幼虫《ようちゅう》が動《うご》きだし、きゅうにからがやぶれました。幼虫《ようちゅう》がうまれたのです。

うまれたばかりの幼虫《ようちゅう》は、半日《はんにち》ぐらいじっと動《うご》かず、からだがかたくなるのをまちます。

からだがかたくなった幼虫《ようちゅう》は、やがて、まわりのくさりかけた落《お》ち葉《ば》や木《き》くずをたべはじめ、どんどん成長《せいちょう》していきます。

⬆脱皮《だっぴ》のとちゅうで長《なが》い休《やす》みをとります。からだ全《ぜん》体《たい》がでおわるまで約《やく》3時《じ》間《かん》かかります。

⬆さいしょに頭《あたま》と胸《むね》の上《うえ》がわの皮《ひ》ふがさけ，中《なか》から新《あたら》しい幼虫《ようちゅう》のからだがみえてきます。

⬆からだをのばしたり，ちぢめたりしながら，皮《ひ》ふをはらの方《ほう》へおくっていくカブトムシの幼虫《ようちゅう》。

幼虫《ようちゅう》の成長《せいちょう》

えさをたべて大《おお》きくなったカブトムシの幼虫《ようちゅう》が、動《うご》かなくなりました。からだの皮《ひ》ふがぱんぱんにふくれ、中《なか》がすけてみえます。からだが大《おお》きくなり、皮《ひ》ふがきゅうくつになってきたので、古《ふる》い皮《ひ》ふをぬぐときがきたのです。これを脱皮《だっぴ》といいます。

脱皮《だっぴ》した幼虫《ようちゅう》は、脱皮前《だっぴまえ》にくらべて頭《あたま》は大《おお》きくなりますが、からだは、ほんの少《すこ》し大《おお》きくなるだけです。そのかわり、皮《ひ》ふにゆとりがあり、これから大《おお》きくなれるよゆうをもっています。

カブトムシは、幼虫《ようちゅう》のあいだに二回《かい》脱皮《だっぴ》し、さらに大《おお》きくなっていきます。

秋《あき》の雑《ぞう》木《き》林《ばやし》(上《うえ》)。たい肥《ひ》の中《なか》には１回脱皮《かいだっぴ》した２令幼虫《れいようちゅう》と２回脱皮《かいだっぴ》した３令幼虫《れいようちゅう》がいっしょにいますが，秋《あき》のおわりまでには，みんな３令幼虫《れいようちゅう》となり冬《ふゆ》をこします(下《した》)

←くちかけた落《お》ち葉《ば》をたべるカブトムシの幼虫《ようちゅう》。円内《えんない》は，幼虫《ようちゅう》のふん。

↑幼虫《ようちゅう》のからだのわきには，呼吸《こきゅう》をする茶色《ちゃいろ》のまるい気門《きもん》があります。

↑カブトムシの幼虫《ようちゅう》の大《おお》きなあご。これで落《お》ち葉《ば》や木《き》くずをかみくだいていきます。

冬《ふゆ》から春《はる》へ

カブトムシの幼虫《ようちゅう》は、冬《ふゆ》のあいだ、たい肥《ひ》や腐葉土《ふようど》の中《なか》にふかくもぐりこみ、じっと春《はる》がくるのをまちます。そこは、落《お》ち葉《ば》や木《き》くずがくさっていくときにでる熱《ねつ》で、冬《ふゆ》でも温《おん》度《ど》はあまり下《さ》がりません。

春《はる》になると、幼虫《ようちゅう》はふたたび、落《お》ち葉《ば》や木《き》くずをたべはじめます。春《はる》は、カブトムシの幼虫《ようちゅう》がもっともよくたべ、大《おお》きくなる季節《きせつ》です。幼虫《ようちゅう》のときにたべた食《た》べものの量《りょう》で、成《せい》虫《ちゅう》になったときの大《おお》きさがちがいます。

まっくらな地中《ちちゅう》でくらす幼虫《ようちゅう》は、目《め》があまりみえません。そのかわり、からだにはえている毛《け》で、まわりのようすをかんじとります。

➡5月《がつ》の雑木林《ぞうきばやし》。地下《ちか》では、カブトムシの幼虫《ようちゅう》たちに大《おお》きな変化《へんか》がおきています。

⬅さなぎのたんじょう。一日かかってできたへやで、幼虫《ようちゅう》は動《うご》かなくなります(1)。数日後《すうじつご》、頭《あたま》の皮《ひ》ふがやぶれ、中《なか》から白《しろ》いさなぎがあらわれました(2〜3)。幼虫《ようちゅう》のからだの中《なか》でちぢんでいたつのが、しだいにのびていき、おすのさなぎのたんじょうです(4)。

土《つち》かべのへや

五月下旬《がつげじゅん》から六月上旬《がつじょうじゅん》ごろ、カブトムシの幼虫《ようちゅう》は、たい肥《ひ》や腐葉土《ふようど》の中《なか》を下《した》にもぐっていきます。そして、さらに下《した》の土《つち》の中《なか》へとすすんでいきます。

やがて、幼虫《ようちゅう》は、からだをなん回《かい》もくねらせてまわりの土《つち》をおしひろげ、だ円形《えんけい》の空間《くうかん》をつくります。

ひと休《やす》みすると、幼虫《ようちゅう》は、からだからでる黒《こっ》かっ色《しょく》の液体《えきたい》を、まわりの土《つち》にぬりつけます。液体《えきたい》がしみこんだ土《つち》のかべは、とてもなめらかです。こうしてできた土《つち》かべのへやで、幼虫《ようちゅう》は、さなぎから成虫《せいちゅう》になるまですごします。

2
1
4
3

↑さなぎになったおすのカブトムシ。白《しろ》っぽかったからだの色《いろ》が，茶色《ちゃいろ》くなりました。つゆの季節《きせつ》のころには，カブトムシの幼虫《ようちゅう》のほとんどが，さなぎになります。雨《あめ》がたくさんふっても，じょうぶな土《つち》のへやには，水《みず》がはいるしんぱいはありません。

←土《つち》のへやがたくさんならび，まるでカブトムシのさなぎの団地《だんち》のようです。幼虫《ようちゅう》のとき，区別《くべつ》のつかなかったおすとめすが，さなぎになってはじめてわかります。おすのさなぎのへやは，めすのへやよりも，つのの分《ぶん》だけ大《おお》きくつくられています。

さなぎのからをぬぎおわると，前《まえ》ばねの下《した》からうすい後《うし》ろばねをのばしてかわかします。

↑さなぎのからの中《なか》に，成虫《せいちゅう》の黒《くろ》いつのや，足《あし》ができているのがわかります。

カブトムシのたんじょう

さなぎになって約《やく》三週間《しゅうかん》たちました。

さなぎのからをとおして、カブトムシのからだがみえてきます。さなぎのからをぬいで成虫《せいちゅう》になる、羽化《うか》のときがきたのです。

おりまげていた足《あし》を動《うご》かして、胸《むね》のからをやぶります。つぎに、はらと足《あし》を動《うご》かして、さなぎのからをはらの方《ほう》へおし下《さ》げていきます。

羽化《うか》したばかりのカブトムシは、はねがまっ白《しろ》で、はらはぶよぶよしていますが、一日《にち》たつと、からだもかたくなり、色《いろ》も茶色《ちゃいろ》から黒《くろ》くかわります。

羽化後《うかご》６時間《じかん》のカブトムシのおす。

羽化後《うかご》６時間《じかん》のカブトムシのめす。

地上《ちじょう》へ

羽化《うか》したカブトムシは、その後《ご》、約《やく》二週《しゅう》間《かん》、地中《ちちゅう》のへやにとどまり、地上《ちじょう》にでるじゅんびをととのえます。

地上《ちじょう》の雑木林《ぞうきばやし》では、セミがさかんに鳴《な》いています。樹液《じゅえき》のあまいにおいも、あたりにただよっています。

やがて、カブトムシは、長《なが》かった地中《ちちゅう》のくらしをおえて、地上《ちじょう》へとむかいます。

この夏《なつ》も、雑木林《ぞうきばやし》はカブトムシでにぎわうことでしょう。

⬆土《つち》と落《お》ち葉《ば》をおしわけて，地上《ちじょう》へとすがたをあらわしたカブトムシ。

世界《せかい》のカブトムシ

カブトムシは、世界《せかい》じゅうに千種《せんしゅ》近《ちか》くいます。なかでも、東南《とうなん》アジア、中央《ちゅうおう》アメリカ、南《みなみ》アメリカ北《ほく》部《ぶ》は、種類《しゅるい》が多《おお》く、大型《おおがた》のカブトムシがいます。

※写真《しゃしん》の番号《ばんごう》は，36〜39ページのカブトムシの番号《ばんごう》と同《おな》じです。

南《なん》北《ぼく》アメリカ大陸《たいりく》のカブトムシ

〈写真《しゃしん》はすべて実物大《じつぶつだい》です〉

①ノコギリタテヅノカブトムシ　コロンビアに分布《ぶんぷ》。

②マルスゾウカブトムシ　南《みなみ》アメリカに分布《ぶんぷ》。

③ヘルクレスオオツノカブトムシ　中央《ちゅうおう》・南《みなみ》アメリカに分布《ぶんぷ》。世界《せかい》でもっとも大《おお》きいカブトムシ。

④ゾウカブトムシ　メキシコ，パナマに分布《ぶんぷ》。

⑤ヒメゾウカブトムシ
メキシコに分布《ぶんぷ》。

⑥マルヘラヅノカブトムシ
メキシコ，グァテマラに分布《ぶんぷ》。

⑦パンカブトムシ　南《みなみ》アメリカに分布《ぶんぷ》。

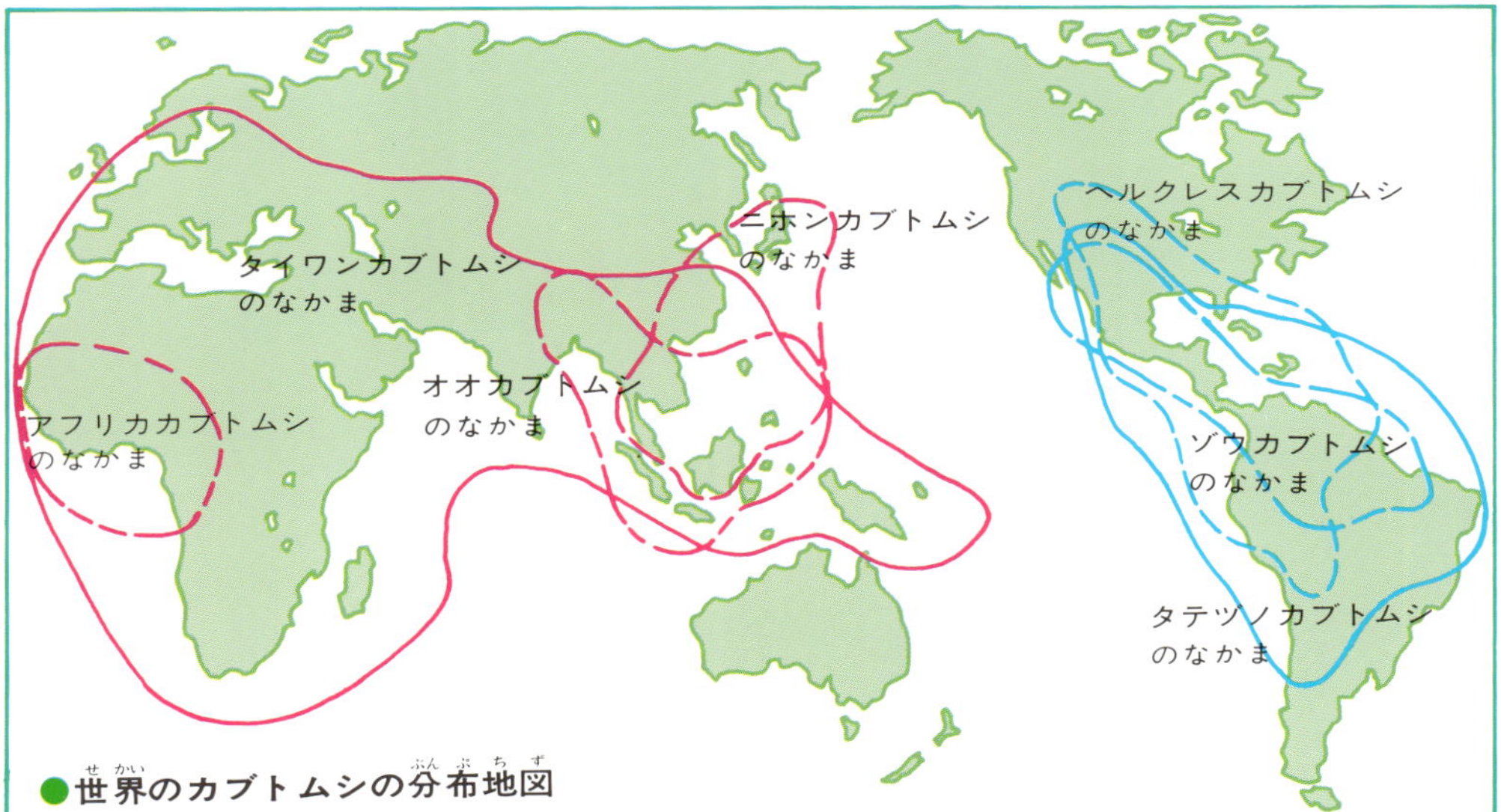

●世界《せかい》のカブトムシの分布《ぶんぷ》地図《ちず》

●アジア・アフリカ・ヨーロッパのカブトムシ

⑧アトラスオオカブトムシ　ネパール，ビルマ，タイ，ベトナム，フィリピンなどに分布《ぶんぷ》。

⑩パプアミツノカブトムシ　ニューギニアに分布《ぶんぷ》。

⑨マレーヒメカブトムシ　マレーシア，インドネシア，タイ，インドに分布《ぶんぷ》。

⑫タイワンカブトムシ　台湾《たいわん》から東南《とうなん》アジアに分布《ぶんぷ》。サイカブトムシともいう。

⑪ゴホンヅノカブトムシ　ビルマ，タイ，ラオス，マレーシアに分布《ぶんぷ》。

⑬コーカサスオオカブトムシ　マレーシアに分布《ぶんぷ》。

⑰メナルカスカブトムシ　ニューギニアに分布《ぶんぷ》。

⑮,⑯ムツノメンガタカブトムシ　マレーシアに分布《ぶんぷ》。⑯は同《どう》種《しゅ》の小型《こがた》のもの。

⑭ヘラムネツノカブトムシ　ボルネオ島《とう》に分布《ぶんぷ》。

⑲メンガタカブトムシ　インド，ビルマに分布《ぶんぷ》。

⑱ケンタウルスオオカブトムシ　カメルーン，中央《ちゅうおう》アフリカ，ザイールに分布《ぶんぷ》。

今夜《こんや》も、樹液《じゅえき》に
カブトムシがやってきました。
みなさんも行《い》ってみませんか、
カブトムシのいる雑木林《ぞうきばやし》へ。

＊カブトムシのなかま

カブトムシのつのは，頭《あたま》と胸《むね》の皮《ひ》ふが変《へん》化《か》したもので，あごが変化《へんか》したクワガタムシのつのとはでき方《かた》がちがいます。

コカブトムシ。体長《たいちょう》20〜24㎜。つのはとても小《ちい》さく，かれ木《き》や木《き》くずの中《なか》にいます。

カブトムシは、やわらかい腹《はら》をかたい前《まえ》ばねでおおって保護《ほご》しています。カミキリムシやクワガタムシの前《まえ》ばねも、カブトムシと同《おな》じ役目《やくめ》をしています。このようなかたい前《まえ》ばねをもつ昆虫《こんちゅう》のなかまを鞘《しょう》翅目《しもく》、または甲虫目《こうちゅうもく》といいます。前《まえ》ばねが、刀《かたな》をいれる鞘《さや》ににた役目《やくめ》をしているからです。

鞘翅目《しょうしもく》は、世界《せかい》じゅうに三十万《まん》種《しゅ》、日本《にっぽん》には八千《せん》種《しゅ》います。このなかまは昆虫《こんちゅう》のなかで、ひじょうに種類《しゅるい》の多《おお》いことでしられています。

カブトムシという名前《なまえ》は、かたい頭《あたま》や胸《むね》、つのなどの形《かたち》が、むかしの武将《ぶしょう》がいくさのときに頭《あたま》を保護《ほご》するためにかぶったかぶとににているところから、つけられたものです。

日本《にっぽん》には、ふつうのカブトムシのほかに、日本《にっぽん》全《ぜん》国《こく》にすむコカブトムシ、沖縄県《おきなわけん》にすむタイワンカブトムシ、トカラ列島《れっとう》にすむクロマルコガネの三種《しゅ》のカブトムシがいます。どれも小型《こがた》のカブトムシです。

＊カブトムシのからだ

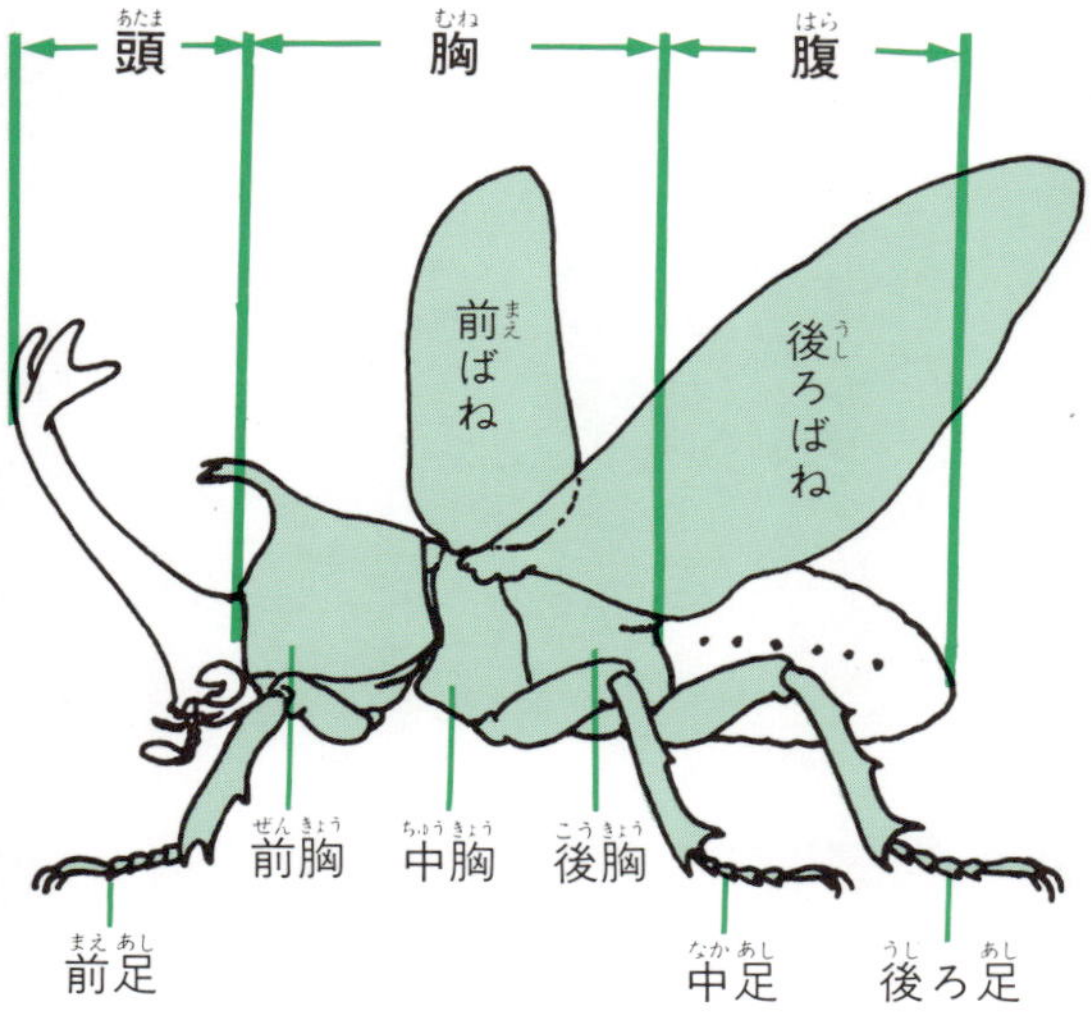

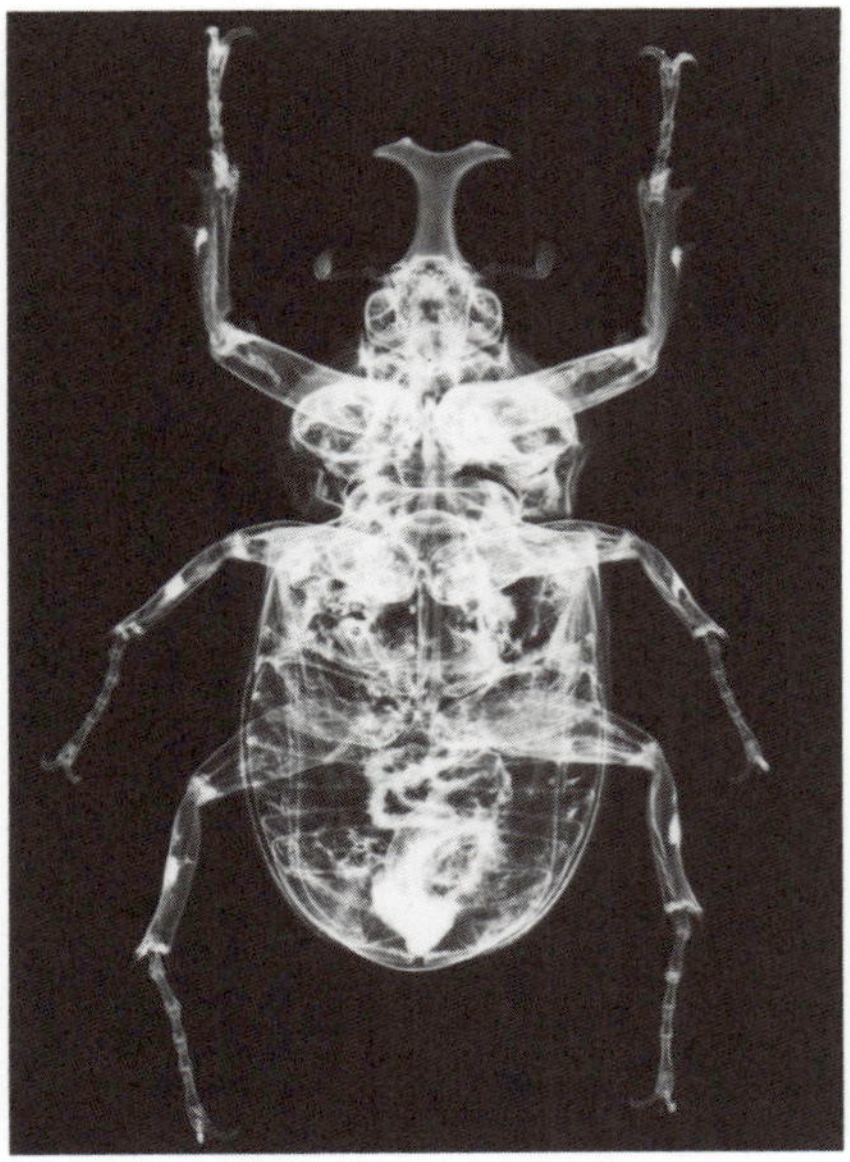

⬆カブトムシのレントゲン写真《しゃしん》。つのの中《なか》は空《くう》どうになっています。

カブトムシには、人間《にんげん》のような骨《ほね》がありません。そのかわり、からだをささえたり、保護《ほご》したり、からだの水分《すいぶん》の蒸発《じょうはつ》をふせぐ、かたい皮《ひ》ふでおおわれています。これを外骨格《がいこっかく》といいます。

からだは、ほかの昆虫《こんちゅう》と同《おな》じように頭《あたま》、胸《むね》、腹《はら》の三部《ぶ》分《ぶん》にわかれています。

頭《あたま》と胸《むね》に大小《だいしょう》のつのがあり、つのだけを動《うご》かすことはできません。頭《あたま》を上下《じょうげ》させ、大《おお》きなつのを動《うご》かし、二つのつののあいだにものをはさみます。

四枚《まい》のはねと六本《ぽん》の足《あし》は、すべて胸《むね》についています。胸《むね》は、前胸《ぜんきょう》、中胸《ちゅうきょう》、後胸《こうきょう》の三つにわかれています。前胸《ぜんきょう》が大《おお》きく、ここに小《ちい》さなつのがあります。胸《むね》には、はねや足《あし》を動《うご》かすための筋肉《きんにく》がつまっています。

かたい前《まえ》ばねでまもられている腹《はら》には、食《た》べものを消化《しょうか》したり、呼吸《こきゅう》したりする、たいせつな器《き》官《かん》があります。

⬆めすのカブトムシには，頭《あたま》と前胸《ぜんきょう》につのがありません。

●カブトムシのおすのからだ

カブトムシの成虫《せいちゅう》の大《おお》きさは，幼虫《ようちゅう》のときにたべたえさの量《りょう》によって差《さ》があります。ふつうおすは35〜55㎜ぐらい，めすは40㎜ぐらいです。

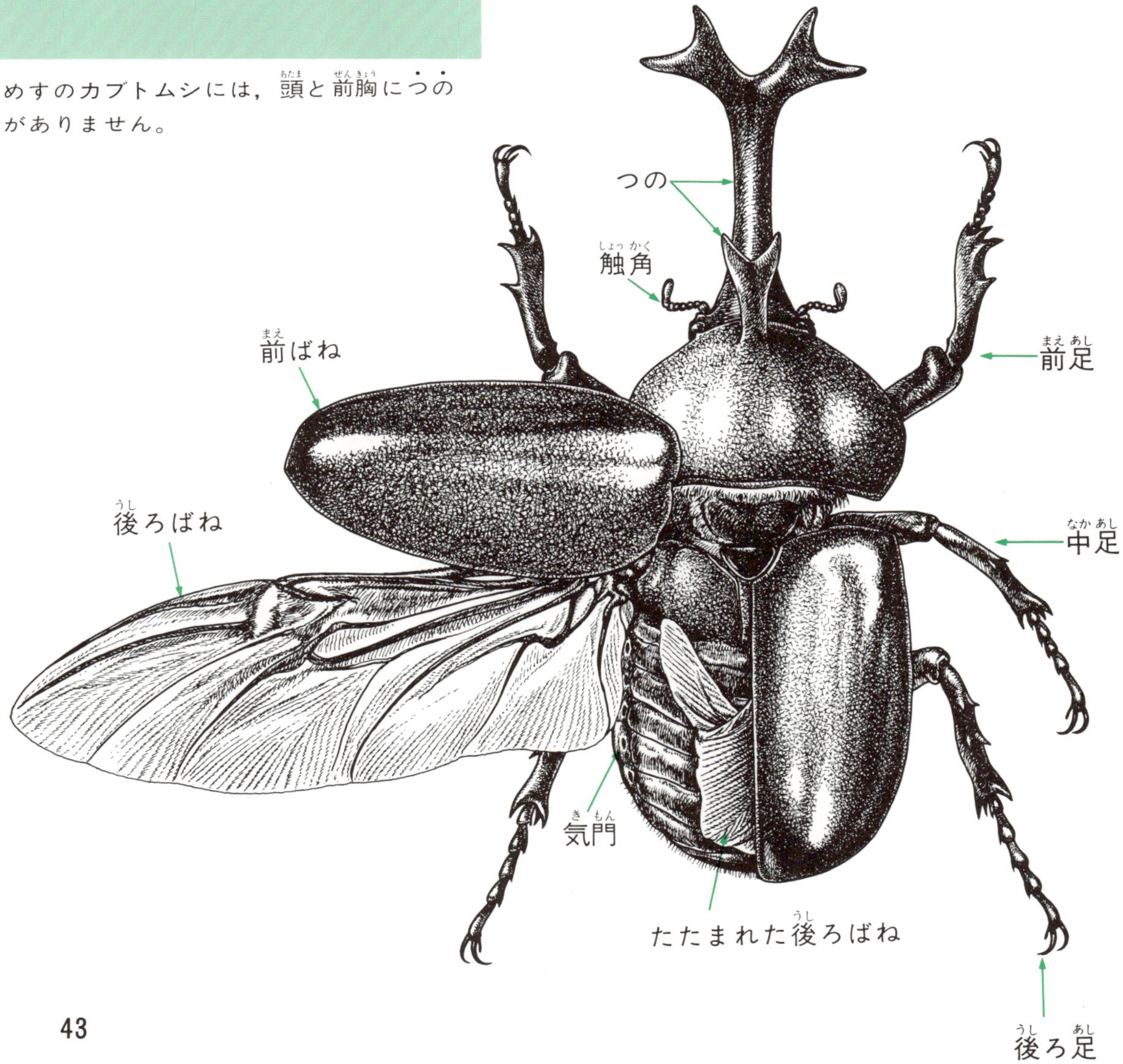

＊樹液《じゅえき》にあつまる昆虫《こんちゅう》

あまいにおいのする樹液《じゅえき》には、いろいろな種類《しゅるい》の昆虫《こんちゅう》があつまってきます。昼間《ひるま》はチョウ、ハチ、ハエ、アブ、カナブンなど、夜《よる》はカブトムシ、クワガタムシ、ガなどがやってきます。樹液《じゅえき》にあつまる昆虫《こんちゅう》は、種類《しゅるい》によって、ほぼやってくる時間《じかん》がきまっています。なかには、アリのように一日《にち》中《じゅう》やってくるものもいます。

カマキリも、樹液《じゅえき》のそばでよくみかけます。これは、カマキリが、樹液《じゅえき》をもとめてくる昆虫《こんちゅう》をとらえるために、まちぶせしているのです。

雑木林《ぞうきばやし》のなかに、樹液《じゅえき》をだす木《き》が少《すく》ないときなどは、ひとつの樹液《じゅえき》に、たくさんの昆虫《こんちゅう》があつまってくることがあります。

樹液《じゅえき》がたくさんでていて、場所《ばしょ》も広《ひろ》いときには、あらそいはおこりません。樹液《じゅえき》が少《すく》なかったり、場所《ばしょ》がせまいと、力《ちから》の強《つよ》い昆虫《こんちゅう》が、弱《よわ》い昆虫《こんちゅう》をおいはらってしまいます。

➡樹液《じゅえき》にあつまったゴマダラチョウ①、カナブン②、シロテンハナムグリ③、ウシアブ④、ヨツボシオオキスイ⑤。場所《ばしょ》どりをめぐって、カナブンと2ひきのシロテンハナムグリが、こぜりあいをしています。

⬆樹液《じゅえき》のそばでえものをねらうオオカマキリの幼虫《ようちゅう》。

おいはらわれた昆虫《こんちゅう》は、ほかの樹液《じゅえき》をさがしにいくか、力《ちから》の強《つよ》い昆虫《こんちゅう》がいってしまうまで近《ちか》くでまっています。

同《おな》じくらいの強《つよ》さの昆虫《こんちゅう》どうしでは、はじめにきた方《ほう》が、そのまま樹液《じゅえき》をなめつづけますが、ときには、はげしくあらそうこともあります。

このように、樹液《じゅえき》にあつまる昆虫《こんちゅう》たちには、あるていどきまった強《つよ》さの順番《じゅんばん》があります。

●樹液《じゅえき》にあつまる昆虫《こんちゅう》

昼間《ひるま》あつまる昆虫《こんちゅう》	甲《こう》虫《ちゅう》	カナブン，アオカナブン，クロカナブン，ヨツボシケシキスイ，* ヨツボシオオキスイ，* シロテンハナムグリ
	ハチ	スズメバチ，アシナガバチ
	チョウ	オオムラサキ，コムラサキ，ゴマダラチョウ，ヒオドシチョウ，ルリタテハ，キマダラヒカゲ，ヒメジャノメ
	ハエとアブ	アシナガヤセバエ，ウシアブ
夜《よる》あつまる昆虫《こんちゅう》	甲《こう》虫《ちゅう》	カブトムシ，ノコギリクワガタ，コクワガタ，ミヤマカミキリ
	ガ	キシタバ，コシロシタバ，オニベニシタバ，フクラスズメ
	その他《た》	ヘビトンボ

＊は昼《ひる》も夜《よる》もやってきます。

●樹液《じゅえき》にあつまる昆虫《こんちゅう》の強《つよ》さくらべ

①カブトムシ

②クワガタムシ

③カナブン，スズメバチ，ヨツボシケシキスイ

④オオムラサキ，ゴマダラチョウ

⑤アシナガヤセバエ

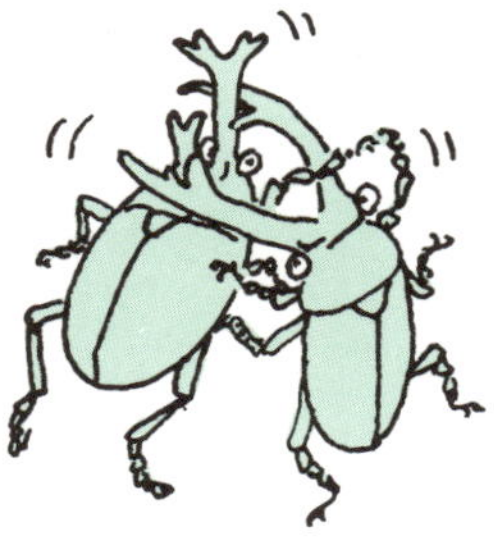

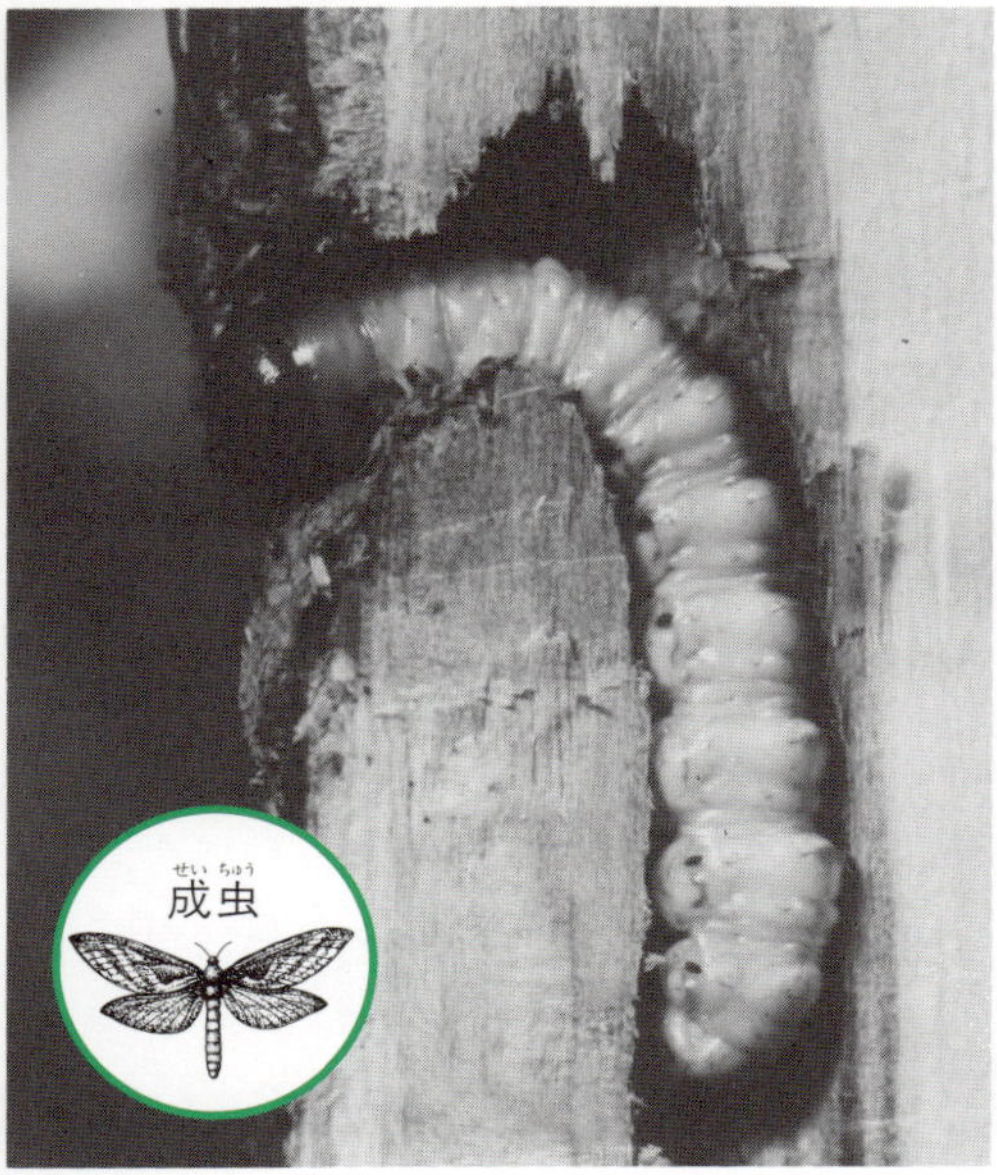

⬆コウモリガの幼虫《ようちゅう》。地面《じめん》にばらまかれたたまごからふ化《か》した幼虫《ようちゅう》は，木《き》の中《なか》にはいって幹《みき》をたべ成長《せいちょう》します。

⬆生《い》きた木《き》をたべるシロスジカミキリの幼虫《ようちゅう》。幼虫《ようちゅう》は，木《き》の中《なか》で２年《ねん》以上《いじょう》くらします。

植物《しょくぶつ》の葉《は》は、根《ね》からすい上《あ》げた水《みず》と、空気《くうき》中《ちゅう》の二酸化炭素《にさんかたんそ》から、太陽《たいよう》の光《ひかり》をうけて糖《とう》という物質《ぶっしつ》をつくります。糖分《とうぶん》は、植物《しょくぶつ》の成長《せいちょう》にかかせないだけではなく、多《おお》くの生《い》きものが生《い》きていくのに必要《ひつよう》なエネルギー源《げん》です。

雑木林《ぞうきばやし》の木《き》ぎも、こうしてつくられた糖分《とうぶん》や水分《すいぶん》を、木《き》の皮《かわ》のすぐ下《した》にある管《くだ》で、からだの各部《かくぶ》にはこびます。

ところで、昆虫《こんちゅう》のなかには、生《い》きた木《き》の幹《みき》をたべるものがいます。カミキリムシの幼虫《ようちゅう》やコウモリガの幼虫《ようちゅう》です。

これらの幼虫《ようちゅう》が、幹《みき》の内部《ないぶ》をたべているときや成虫《せいちゅう》になってでてくるとき、この管《くだ》にきずをつけてしまうことがあります。すると、そこから糖分《とうぶん》をふくんだ樹液《じゅえき》がしみだします。

しみだしてまもない樹液《じゅえき》は、ほんの少《すこ》しあまいだけで、ほとんどにおいません。しかし、

くさりかけたモモのしるをすうカブトムシとノコギリクワガタ。

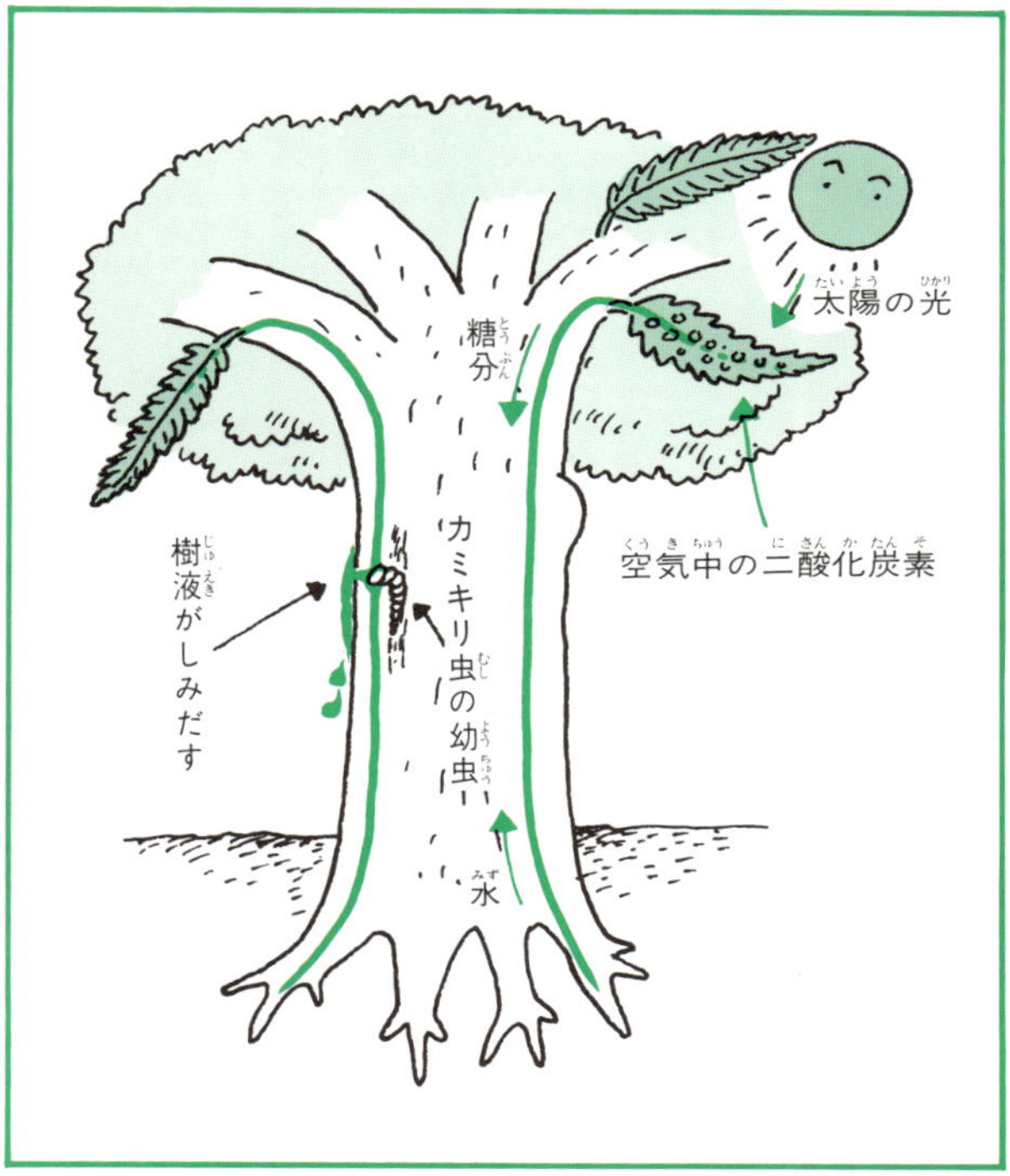

時間《じかん》がたつにつれ、樹液《じゅえき》は、細菌《さいきん》などのはたらきによって発酵《はっこう》し、あまずっぱくにおうようになります。においをたよりに樹液《じゅえき》のありかをさがす昆虫《こんちゅう》は、こうしてあつまってくるのです。

樹液《じゅえき》には、糖分《とうぶん》のほかに、酒《さけ》にふくまれているアルコールや、酢《す》のもとになる酢酸《さくさん》などがはいっています。

くさりかけたくだものにも、樹液《じゅえき》と同《おな》じような成分《せいぶん》がふくまれています。そのため、カブトムシやクワガタムシは、果樹園《かじゅえん》にもたくさんあつまってきます。

樹液《じゅえき》の量《りょう》は、一年《ねん》じゅうで、植物《しょくぶつ》がもっとも成長《せいちょう》する初夏《しょか》から夏《なつ》にかけて多《おお》くなります。そして、夏《なつ》もおわりに近《ちか》づくにつれ、しだいにかれていきます。

樹液《じゅえき》にあつまる昆虫《こんちゅう》の活動期間《かつどうきかん》は、雑木林《ぞうきばやし》の木《き》ぎの成長《せいちょう》と深《ふか》くかかわっているのです。

シイタケを栽培《さいばい》していた古《ふる》いほだ木《ぎ》も，カブトムシの産卵場所《さんらんばしょ》になります。

*カブトムシと人間《にんげん》の生活《せいかつ》

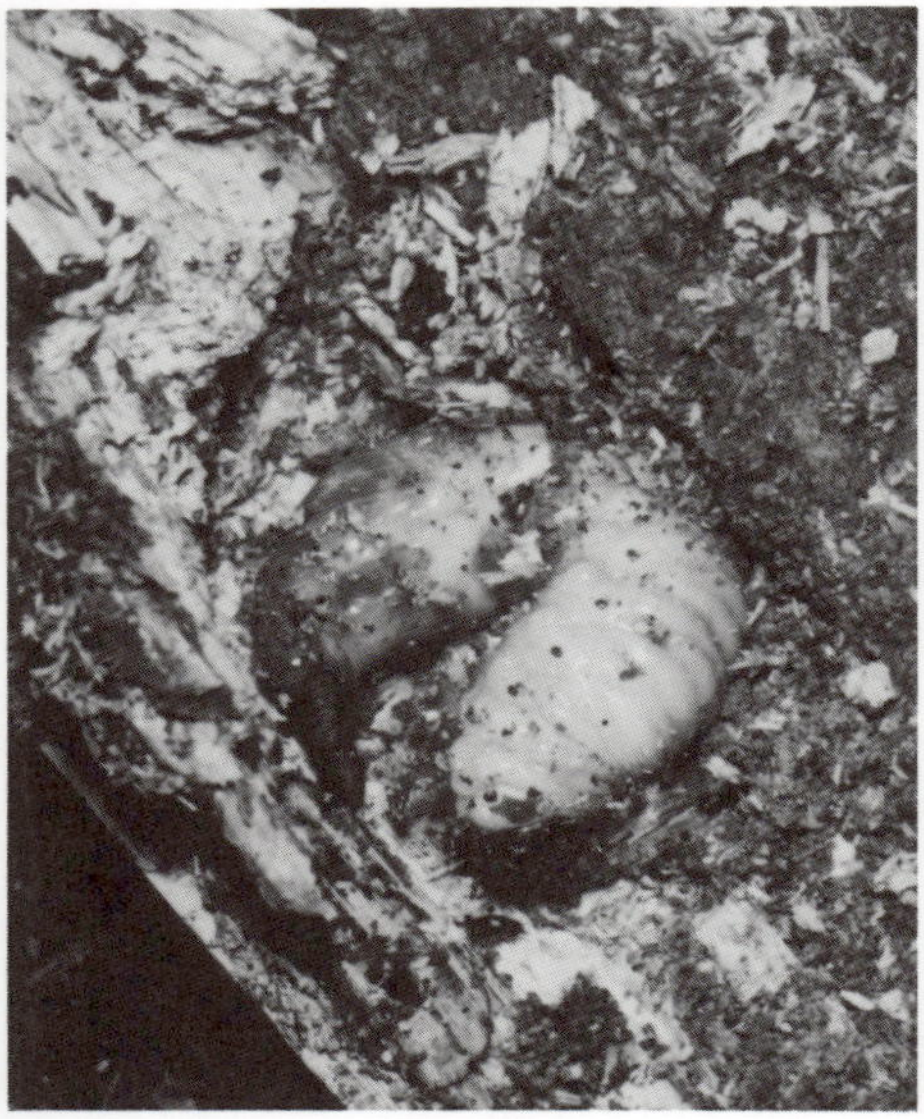

くさりかけたほだ木《ぎ》をたべながら，ふんをするカブトムシの幼虫《ようちゅう》。

人間《にんげん》は、農地《のうち》を広《ひろ》げたり、炭《すみ》やまきをとるために、自然林《しぜんりん》をきり開《ひら》いてきました。きり開《ひら》かれたところには、明《あか》るい場所《ばしょ》をこのむ樹木《じゅもく》や下草《したくさ》がはえてきます。こうしてできた林《はやし》が、クヌギやコナラなどを中《ちゅう》心《しん》にした雑木林《ぞうきばやし》です。

人間《にんげん》は、雑木林《ぞうきばやし》から炭《すみ》やまきをきりだすほかに、落《お》ち葉《ば》や下草《したくさ》をあつめてたい肥《ひ》をつくり、農業《のうぎょう》に役《やく》立《だ》ててきました。

カブトムシの生活《せいかつ》は、雑木林《ぞうきばやし》と深《ふか》いつながりがあります。成虫《せいちゅう》は樹液《じゅえき》を、幼虫《ようちゅう》はくちかけた落《お》ち葉《ば》やたい肥《ひ》を食《た》べものにしています。とくにたい肥《ひ》は、カブトムシのよい産卵場所《さんらんばしょ》です。そのため、人間《にんげん》が農業《のうぎょう》のために雑木林《ぞうきばやし》を利用《りよう》するようになってから、カブトムシはふえてきたと考《かんが》えられます。

しかし、現在《げんざい》では、化学肥料《かがくひりょう》が広《ひろ》く使《つか》われるようになり、たい肥《ひ》をつくる農家《のうか》がへったために、カブトムシが産卵《さんらん》する場所《ばしょ》も少《すく》なくなってきました。

●カブトムシの養殖場《ようしょくじょう》

⬆金《かな》あみのはられたカブトムシの養殖場《ようしょくじょう》。この中《なか》に1000びきくらい飼《か》われています。

⬆カブトムシの幼虫《ようちゅう》のえさには，おもにくさりかけたおがくずをあたえます。

また、炭《すみ》やまきにかわって、石油《せきゆ》やプロパンガスが利用《りよう》されるようになると、雑木林《ぞうきばやし》はあれはじめ、はえている木《き》の種類《しゅるい》もかわってきました。さらに、土地開発《とちかいはつ》で雑木林《ぞうきばやし》がなくなり、カブトムシのすむ場《ば》所《しょ》は、どんどん失《うしな》われつつあります。

このように、カブトムシの数《かず》の増減《ぞうげん》は、人間《にんげん》の生《せい》活《かつ》のしかたと深《ふか》いかかわりをもっています。

ところで、自然《しぜん》のなかでは数《かず》がへってきたカブトムシが、人間《にんげん》の力《ちから》によって再《ふたた》びふえはじめました。カブトムシの養殖《ようしょく》です。毎年《まいねん》、なん百万《びゃくまん》びきもの養《よう》殖《しょく》カブトムシが、商品《しょうひん》として売《う》られています。

昔《むかし》、北海道《ほっかいどう》にカブトムシはすんでいませんでした。しかし、一九七〇年頃《ねんごろ》から、北海道《ほっかいどう》の都市近《としちか》くの雑《ぞう》木林《きばやし》で、カブトムシをみつけたというニュースが聞《き》かれるようになりました。売《う》られていた養殖《ようしょく》カブトムシがにげだしただけなのか、にげだしたカブトムシからうまれたカブトムシが、北海道《ほっかいどう》にもすみつきはじめたのか、よくわかっていません。

*カブトムシの飼《か》い方《かた》

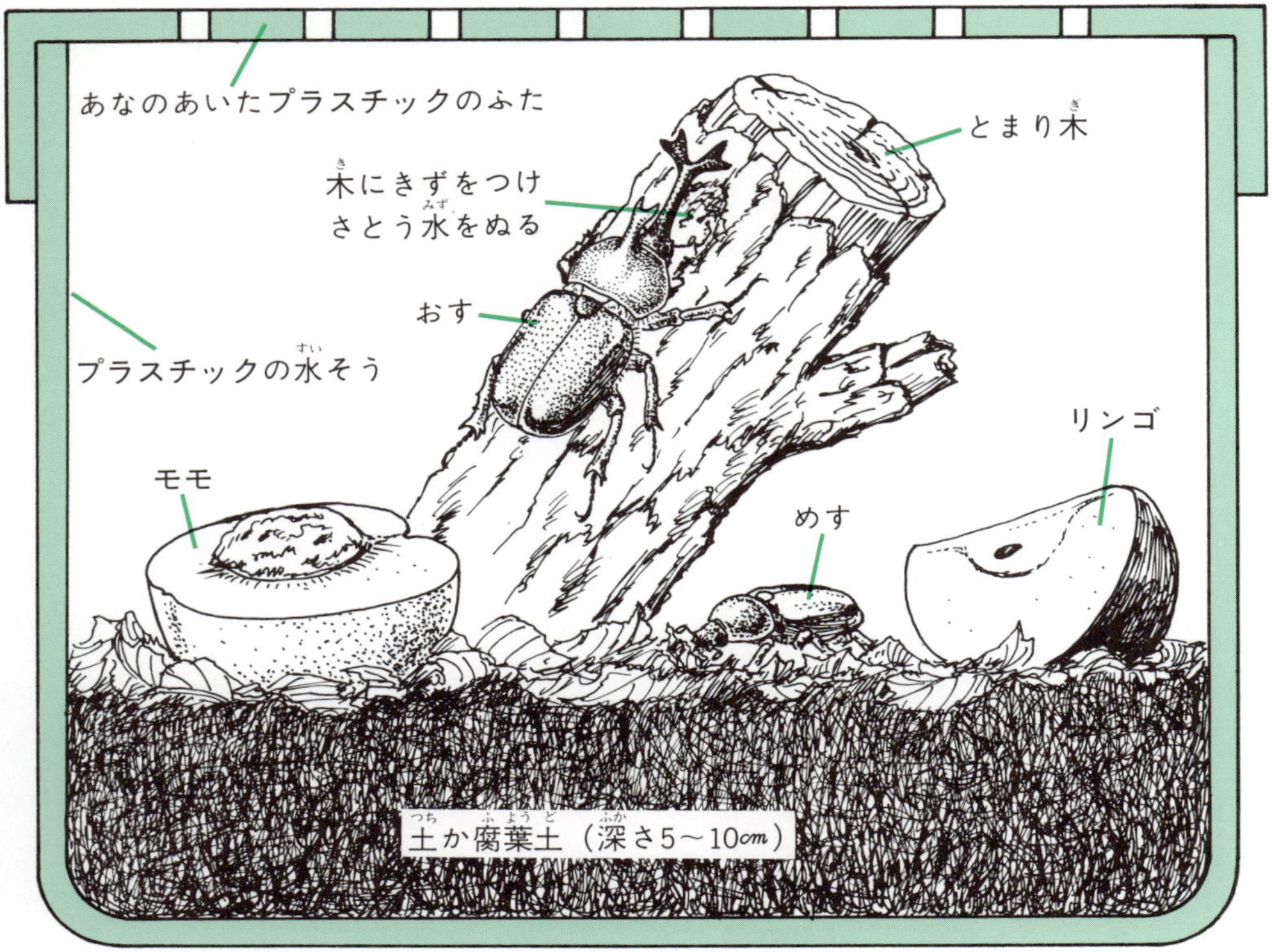

カブトムシは、成虫《せいちゅう》と幼虫《ようちゅう》で、生活《せいかつ》のしかたがちがっています。すむ場所《ばしょ》や食《た》べものがちがうからです。そのため、成虫《せいちゅう》と幼虫《ようちゅう》では、飼《か》い方《かた》もずいぶんちがいます。

根気《こんき》よくそだてていくと、カブトムシのいろいろなことが観察《かんさつ》できます。

●成虫《せいちゅう》を飼《か》うときの注意《ちゅうい》

①カブトムシは力《ちから》が強《つよ》いので、にげださないように、しっかりふたをしておくこと。

②カブトムシの成虫《せいちゅう》は、ふつう一か月《げつ》ぐらい生《い》きています。長《なが》生《い》きさせるためには、大《おお》きな入《い》れものに、少数《しょうすう》で飼《か》うこと。数《かず》が多《おお》いと、あらそいあって弱《よわ》ってしまいます。

③えさは、リンゴやモモ、スイカ、さとう水《みず》、ジュースなど。くだものは、くさりすぎないうちにとりかえてやること。キュウリは、糖《とう》分《ぶん》が少《すく》ないので、栄養《えいよう》にはなりません。

④カブトムシは、からだが大《おお》きいので、えさをじゅうぶんにあたえること。

⑤昼間《ひるま》、土《つち》の中《なか》にかくれているときは、ほりださないように。カブトムシは、おもに夜《よる》活動《かつどう》するので、観察《かんさつ》は夜《よる》のほうがよくできます。

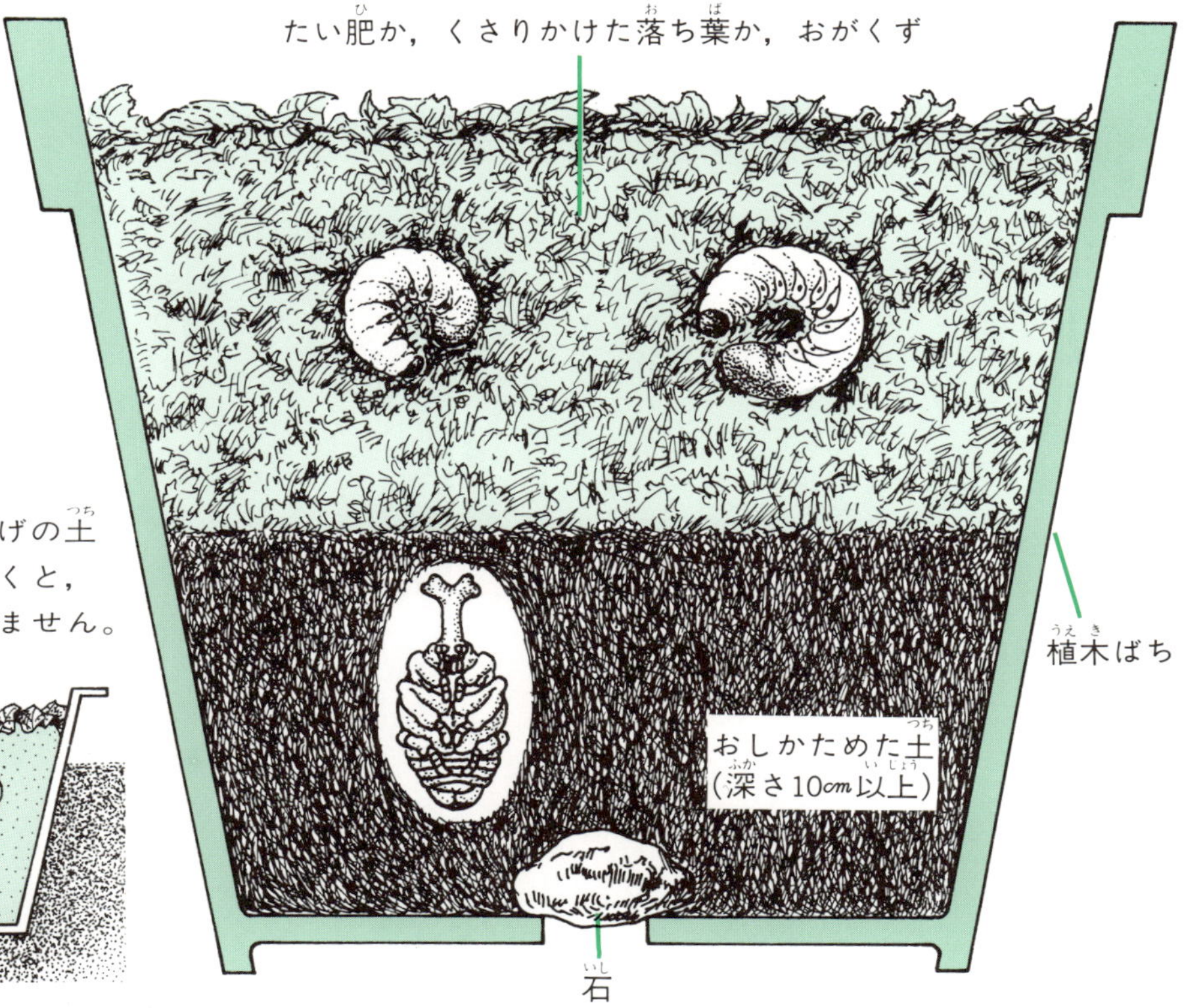

植木《うえき》ばちを日《ひ》かげの土《つち》の中《なか》にうめておくと，腐葉土《ふようど》がかわきません。

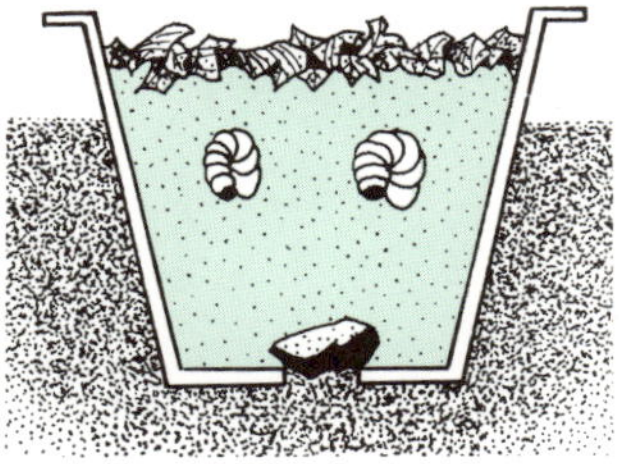

⑥おすとめすをいっしょに飼《か》っていると、たまごをうむことがあります。成虫《せいちゅう》が死《し》んだら、土《つち》のなかをしらべて、たまごや幼虫《ようちゅう》がそだっているかしらべてみましょう。

●幼虫《ようちゅう》を飼《か》うときの注意《ちゅうい》

①大《おお》きな植木《うえき》ばちで、幼虫《ようちゅう》の数《かず》を少《すく》なくして飼《か》うこと。たくさんいれると、幼虫《ようちゅう》が動《うご》くときに、きずつけあって病気《びょうき》にかかりやすくなります。

②中《なか》にいれるたい肥《ひ》や土《つち》の中《なか》に、ミミズがいないか注意《ちゅうい》すること。ミミズが幼虫《ようちゅう》のえさをたべてしまいます。

③たい肥《ひ》がかわきすぎたり、しめりすぎないようにしましょう。たい肥《ひ》がかわいてきたら、水《みず》をかけてやりましょう。

④カブトムシの幼虫《ようちゅう》は、えさをたくさんたべます。えさの中《なか》に、ふんがめだってきたら、たい肥《ひ》をいれかえてやりましょう。

⑤幼虫《ようちゅう》のからだに、かっ色《しょく》のかたい部分《ぶぶん》がみつかったら病気《びょうき》です。これは、ウィルスによる伝染力《でんせんりょく》の強《つよ》い病気《びょうき》なので、病気《びょうき》になった幼虫《ようちゅう》は、はやめにとりだすこと。この病気《びょうき》はなおりません。

このほかに、からだがドロドロにとけた状態《じょうたい》になる病気《びょうき》もあります。

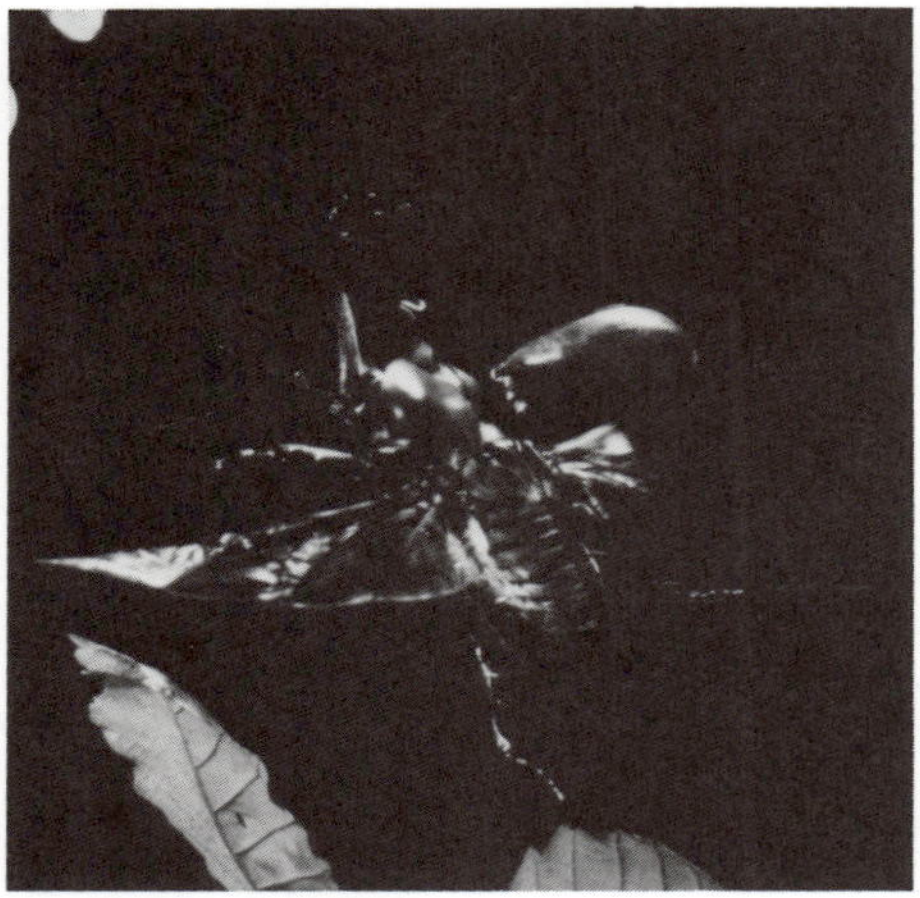

↑とんでいるときのカブトムシは，足《あし》をいっぱいにひろげています。

カブトムシのことなら、なんでもわかっていると思《おも》ったら大《おお》まちがいです。たまごから成虫《せいちゅう》になるまでの期間《きかん》が、一年《ねん》以内《いない》だとわかったのも、一九四〇年《ねん》頃《ころ》でそれほど昔《むかし》のことではありません。カブトムシの生活《せいかつ》や行動《こうどう》については、まだまだしらべられていないことがたくさんあります。カブトムシを観察《かんさつ》したり、カブトムシで実験《じっけん》をしたら、あなたも新《あたら》しい発見《はっけん》をするかもしれません。

●明《あか》るいところで、幼虫《ようちゅう》は飼《か》えるだろうか

同《おな》じ暗《くら》い地中《ちちゅう》でくらすモグラは，明《あか》るいところでも，からだが何《なに》かにふれていれば安心《あんしん》しています。カブトムシの幼虫《ようちゅう》はどうでしょう。

たい肥《ひ》を少《すく》なくしてもぐれないようにしたはこの中《なか》に，カブトムシの幼虫《ようちゅう》と，幼虫《ようちゅう》がはいれるぐらいの透《とう》明《めい》なビニールの管《くだ》をいれて，観察《かんさつ》してみましょう。

●形《かたち》のよくにた幼虫《ようちゅう》に注意《ちゅうい》しよう

カブトムシのしり。

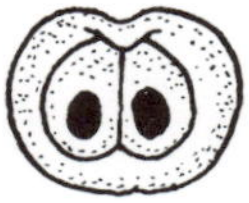

クワガタムシのしり。

カブトムシの幼《よう》虫《ちゅう》によくにた形《かたち》の幼虫《ようちゅう》が，たくさんいます。

ハナムグリの幼《よう》虫《ちゅう》は，あおむけになってはい回《まわ》ります。カブトムシとクワガタムシの幼《よう》虫《ちゅう》は，しりの形《かたち》で区別《くべつ》がつきます。

↑ハナムグリの幼虫《ようちゅう》。

●頭《あたま》を水《みず》の中《なか》につけてみよう

カブトムシは，腹《はら》にある気門《きもん》から空気《くうき》をとりいれて，呼吸《こきゅう》をします。

ですから，カブトムシの頭《あたま》を水《みず》につけてもおぼれませんが，腹《はら》を水《みず》につけると，おぼれてしまいます。

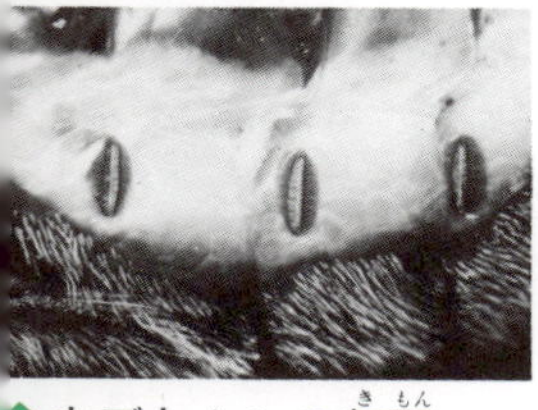

↑カブトムシの気門《きもん》。

●力《ちから》くらべをさせてみよう

カブトムシは，体重《たいじゅう》のなん倍《ばい》くらいの重《おも》さのものをひっぱることができるでしょう。クワガタムシとも力《ちから》くらべをさせてみましょう。

⬆おもちゃの機関車《きかんしゃ》をひっぱるカブトムシ。

●どんなものをこのんでたべるだろうか

ま水《みず》，さとう水《みず》，塩水《しおみす》酢《す》，牛乳《きゅうにゅう》，ジュース，くだものなどを，おなかをすかせたカブトムシにあたえてみましょう。

カブトムシは，どんな味《あじ》のものを，よくたべるでしょう。あまみのないキュウリをたべるのは，水分《すいぶん》をとるためです。

●昼《ひる》と夜《よる》の行動《こうどう》のちがいをしらべてみよう

カブトムシの行動《こうどう》は，昼《ひる》と夜《よる》でどうちがうか，しらべてみましょう。かっぱつにあるき回《まわ》ったり，とびたつのは，いつごろでしょうか。えさにあつまるのは，いつごろが多《おお》いでしょう。

●ガラスの上《うえ》をあるかせてみよう

⬆カブトムシは，とがったつめをひっかけてあるきます。

カブトムシをガラスの上《うえ》や机《つくえ》の上においてみて，たたみやじゅうたんの上《うえ》においたときとくらべてみましょう。カブトムシは，足《あし》のつめがひっかからないところでは，うまくあるけません。

●樹液《じゅえき》にあつまる昆虫《こんちゅう》をしらべてみよう

昆虫《こんちゅう》のよくあつまる樹液《じゅえき》をみつけたら，どんな昆虫《こんちゅう》がくるかしらべてみましょう。

いつもよい場所《ばしょ》をとっているのは，どの昆《こん》虫《ちゅう》でしょう。さらに，時刻《じこく》によってやってくる昆虫《こんちゅう》の種類《しゅるい》をしらべてみましょう。

●とび方《かた》をしらべてみよう

チョウ

4枚《まい》のはねをいっしょに動《うご》かす。

トンボ

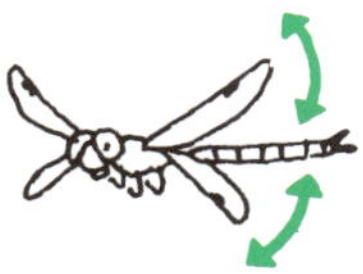

前《まえ》ばねと後《うし》ろばねをべつべつに動《うご》かす。

カブトムシのつのに糸《いと》を結《むす》んで，とばしてみましょう。はねの動《うご》き，足《あし》のようすをしらべてみましょう。

チョウやトンボのとび方《かた》とどうちがっていますか。着地《ちゃくち》のしかたはどうですか。

あとがき

毎年《まいねん》、夏休《なつやす》みになると、東京《とうきょう》や大阪《おおさか》では、カブトムシのねだんが何百円《なんびゃくえん》だというニュースが新聞《しんぶん》をにぎわします。カブトムシはお金《かね》を出《だ》して店《みせ》で買《か》うものだと思《おも》っている小学生《しょうがくせい》もたくさんいます。自然《しぜん》の少《すく》なくなった都会《とかい》では、このようなことも、やむをえないことかもしれません。しかし、かなしいことです。

力強《ちからづよ》いからだ、りっぱなつの。カブトムシは、むかしもいまも子《こ》どものあこがれです。

カブトムシは店《みせ》にいかなくても、お目《め》にかかれます。ちょっとした雑木林《ぞうきばやし》のあるところなら、樹液《じゅえき》をすいにきているカブトムシをみることができます。もちろん、カブトムシの生活《せいかつ》や習性《しゅうせい》をしっていればみつけやすいでしょう。

わたくしは、みんながカブトムシを見《み》つけ、カブトムシといっしょにあそんでもらいたいと思《おも》っています。自然《しぜん》のふしぎにじかにふれれば、ほんとうの科《か》学《がく》する心《こころ》がめばえてくると信《しん》じているからです。

この本《ほん》をつくるのに、たくさんの人《ひと》たちの理解《りかい》と協力《きょうりょく》をいただきました。東《とう》京《きょう》都《と》武蔵野《むさしの》市立第《しりつだい》四中学校《ちゅうがっこう》の須田孫七《すだまごしち》先生《せんせい》には、世界《せかい》のカブトムシの標本《ひょうほん》をお借《か》りしました。山下宜信《やましたよしのぶ》さんには、構成《こうせい》や原稿《げんこう》の整理《せいり》に力《ちから》を借《か》りました。厚《あつ》くお礼《れい》申《もう》し上《あ》げます。

岸田《きしだ》 功《いさお》

（一九七一年七月）

NDC486
岸田　功
科学のアルバム 虫3
カブトムシ

あかね書房 2005
54P 23×19cm

科学のアルバム
カブトムシ

一九七一年七月初版
一九八二年六月改訂版
二〇〇五年 四 月新装版第 一 刷
二〇二四年一〇月新装版第一六刷

著者　岸田　功

発行者　岡本光晴
発行所　株式会社 あかね書房
〒一〇一－〇〇六五
東京都千代田区西神田三－二－一
電話〇三－三二六三－〇六四一（代表）
https://www.akaneshobo.co.jp
印刷所　株式会社 精興社
写植所　株式会社 田下フォト・タイプ
製本所　株式会社 難波製本

ISBN978-4-251-03309-3
定価は裏表紙に表示してあります。
落丁本・乱丁本はおとりかえいたします。

○表紙写真

・大《おお》きなつのをもつカブトムシのおす

○裏表紙写真（上から）

・とびたとうとしているカブトムシ
・幼虫《ようちゅう》の大《おお》きなあご
・夕方《ゆうがた》、活動《かつどう》をはじめるカブトムシ

○扉写真

・おすどうしのたたかい

○目次写真

・前《まえ》ばねをひろげるカブトムシ

科学のアルバム

全国学校図書館協議会選定図書・基本図書
サンケイ児童出版文化賞大賞受賞